建筑施工机械设备安全培训系列丛书

建筑施工高处作业吊篮
安全隐患图析

主　编　郭　伟　马敏波　张志铎

中国建材工业出版社

北　京

图书在版编目（CIP）数据

建筑施工高处作业吊篮安全隐患图析 ／ 郭伟，马敏
波，张志铎主编 ． —北京：中国建材工业出版社，
2024.3
　（建筑施工机械设备安全培训系列丛书）
　ISBN 978-7-5160-4017-1

　Ⅰ．①建… Ⅱ．①郭… ②马… ③张… Ⅲ．①建筑施
工—高空作业—安全隐患—图解 Ⅳ．① TU744-64

中国国家版本馆 CIP 数据核字（2024）第 020696 号

建筑施工高处作业吊篮安全隐患图析
JIANZHU SHIGONG GAOCHU ZUOYE DIAOLAN ANQUAN YINHUAN TUXI
主　编　郭　伟　马敏波　张志铎
出版发行：中国建材工业出版社
地　　址：北京市海淀区三里河路 11 号
邮政编码：100831
经　　销：全国各地新华书店
印　　刷：北京天恒嘉业印刷有限公司
开　　本：889mm×1194mm　1/20
印　　张：5
字　　数：100 千字
版　　次：2024 年 3 月第 1 版
印　　次：2024 年 3 月第 1 次
定　　价：58.00 元

本书编委会

主　　编：郭　伟　马敏波　张志铎

副 主 编：初　凯　邢建海　李志杰　杜　斌　黎　昕　马　良
　　　　　杜海滨　黄　楠　周　凯　孙登攀　梁　兴　孙　冰
　　　　　胡　岳　胡义铭　吕书文

参编人员：冯功斌　陈太东　李承伟　苗雨顺　徐艳华　李晓晨
　　　　　马建村　赵　斌　刘　康　杨家森　王明月　沈　耀
　　　　　王龙震　张　翔　刘瑞宇　任崇鑫　刘士帅　尚天宇
　　　　　段红莉　韩　笑　卢　扬　李心如

编写单位

主 编 单 位：山东省建筑工程质量检验检测中心有限公司
　　　　　　济南市工程质量与安全中心

副主编单位：山东省建筑科学研究院有限公司
　　　　　　中国建筑第八工程局有限公司
　　　　　　中建八局第一建设有限公司
　　　　　　中海企业发展集团有限公司
　　　　　　山东省建筑安全与设备管理协会
　　　　　　山东建科特种建筑工程技术中心有限公司

前　言

　　吊篮是建筑工程高空作业的建筑工具，作用于幕墙安装及外墙清洗等。悬挑机构架设于建筑物或构筑物上，利用提升机构驱动悬吊平台，通过钢丝绳沿建筑物或构筑物立面上下运行的施工设施，也是为操作人员设置的作业平台。

　　近年来，我国建筑行业高速发展，相应的施工现场在用的吊篮数量激增，安拆、维保、使用、管理人员也随之增加。为便于使用单位、产权单位和检测单位等相关单位的人员更直观的安全管理和使用施工现场在用的吊篮，排查现场吊篮的安全隐患，降低事故发生率，本单位结合多位检验人员常年在施工现场检验高处作业吊篮的经验与分析，编制此书。

　　本书内容涉及标牌标识、悬吊平台、钢丝绳、配重、悬挂机构、安全装置、结构、电气系统等内容，以图文并茂的方式，直观地讲解吊篮常见安全隐患并解析。书中较为全面地反映了施工现场吊篮经常出现的安全隐患，有利于提高相关人员的安全意识，减少和防止吊篮安全事故的发生。

　　由于本书编写时间仓促，难免存在不足之处，敬请读者给予批评指正。

目　录

一、产品标牌和警示标志

　　隐患：平台无限乘限载标牌。

　　解析：应在平台明显部位永久醒目地注明额定载重量和允许乘载的人数及其他注意事项。

隐患：平台无产品标牌。

解析：产品标牌和商标应固定在起升机构或平台上明显且不易碰坏的位置，产品标牌的形式、尺寸和技术要求应符合规定。

　　隐患：吊篮的安装作业范围未设置警戒线或明显的警示标志。

　　解析：在吊篮下方可能造成坠落物伤害的范围应设置警戒线或明显的警示标志，人或车辆不得通过或停留，非作业人员不得进入警戒范围。

　　隐患：起升机构无产品标牌。

　　解析：动力起升机构应标注：① 极限工作载荷；② 钢丝绳的直径与规格；③ 额定升降速度；④ 电动机的电源信息等如电压（V）、电流（A）、频率（Hz）、功率（kW）和电动机额定转速（r/min）。

　　隐患：安全锁无标牌。

　　解析：安全锁应标注：① 极限工作载荷；② 钢丝绳直径；③ 触发速度（m/min）或锁绳角度；④ 标定期限。

二、悬吊平台

　　隐患：提升机内移，与说明书不符。

　　解析：悬吊平台拼接形式及总长度应符合使用说明书的要求，零部件应齐全、完整，不得少装、漏装。

　　隐患：平台工作面护栏高度不足 1000mm。

　　解析：护栏高度不应小于 1000mm，测量值为护栏上部至平台底板表面的距离，中间护栏与护栏和踢脚板间的距离应不大于 500mm。如平台外部有包板时，则不需要中间护栏。

隐患：悬吊平台总长度超过说明书要求。

解析：悬吊平台拼接形式及总长度应符合使用说明书的要求，篮体加长易导致篮体中间挠度增大，破坏篮体整体稳定性。

隐患：悬吊平台底板破损，间隙大。

解析：悬吊平台底板应牢固、无破损，并应有防滑措施；底板上的任何开孔应设计成能防止直径为 15mm 的球体通过，并有足够的排水措施。

隐患：平台底部踢脚板不足 150mm。

解析：四周底部挡板应完整、无间断，踢脚板应高于平台底板表面 150mm，与地板间隙不应大于 5mm。

隐患： 平台底部垫杂物，超过踢脚板高度，导致平台踢脚板不起作用。

解析： 严禁在平台底部自行铺设杂物，踢脚板不足易导致吊篮内物品滑出吊篮，踢脚板应高于平台底板表面 150mm。

隐患：悬吊平台运行通道内与钢管干涉。

解析：悬吊平台运行通道内应无障碍物，吊篮底部有障碍物导致吊篮无法下降至地面，操作人员不方便进出吊篮。

隐患：运行通道有障碍物，吊篮运行过程中与障碍物干涉。

解析：吊篮运行中与障碍物干涉易导致篮体倾斜、提升机过载等问题。

隐患：吊篮内乘载人数超过两人。

解析：吊篮内的作业人员不应超过两人。

　　隐患：安全钢丝绳未安装重砣，安全钢丝绳未处于悬垂张紧状态。

　　解析：安全钢丝绳下端无重砣易导致安全钢丝绳随吊篮一起运动，致使防坠落装置不起作用。安全钢丝绳下端应安装重砣，重砣应离地，处于自由状态。

隐患： 安全钢丝绳下端重砣放置于吊篮内。

解析： 重砣置于吊篮内导致安全钢丝绳未处于绷直状态，重砣底部至地面距离应为 100~200mm，应处于自由状态。

　　隐患：安全钢丝绳扭曲弯折。

　　解析：安全钢丝绳弯折会造成安全钢丝绳穿过安全锁时卡滞，安全钢丝绳应能顺利通过安全锁。要求钢丝绳最小直径 6mm，安全钢丝绳直径应不小于工作钢丝绳直径。

　　隐患：安全钢丝绳和工作钢丝绳打结。

　　解析：安全钢丝绳和工作钢丝绳应独立悬挂在各自的悬挂点上，并不得松散、打结，且应符合现行国家标准《起重机　钢丝绳　保养、维护、检验和报废》(GB/T 5972)的规定。

隐患： 安全锁摆臂处钢丝绳脱出滑轮。

　　解析： 滑轮应有防止钢丝绳脱离绳槽的措施，滑轮边缘与保护元件之间的间隙应不大于钢丝绳直径的 0.3 倍。钢丝绳脱出滑轮造成钢丝绳与其他结构摩擦，对吊篮结构和钢丝绳造成损伤。

　　隐患：工作钢丝绳与其他结构干涉摩擦。

　　解析：钢丝绳与其他结构摩擦易导致钢丝绳断丝等问题，钢丝绳不应与其他机构干涉。

隐患：工作钢丝绳脱出导向轮，与导向轮缘摩擦。

解析：起升机构的设计应有防止钢丝绳在通过卷筒（或驱动绳轮）、后备装置、导向混轮时脱出的措施。

隐患：三脚架式悬挂装置，工作钢丝绳与安全钢丝绳通过绳夹固定在一起，未独立悬挂。

解析：安全钢丝绳和工作钢丝绳应独立悬挂在各自的悬挂点上，并不得松散、打结，且应符合现行国家标准《起重机 钢丝绳保养、维护、检验和报废》（GB/T 5972）的规定。

典型悬挂点示例

隐患：工作钢丝绳和安全钢丝绳未独立悬挂。（钢丝绳端不能使用 U 形钢丝绳夹固定）

解析：工作钢丝绳与安全钢丝绳不得安装在悬挂机构横梁前端同一悬挂点上，安全钢丝绳和工作钢丝绳应独立悬挂在各自的悬挂点上。若工作钢丝绳和安全钢丝绳悬挂于同一悬挂点，悬挂点出问题则导致工作钢丝绳和安全钢丝绳同时不起作用。

　　隐患：钢丝绳端采用钢丝绳夹固定，钢丝绳夹松动会造成钢丝绳从绳夹中滑出等隐患。

　　解析：钢丝绳端头形式应为金属压制接头、自紧楔型接头等，或采用其他相同安全等级的形式，如失效会影响安全时，则不能使用 U 形钢丝绳夹。

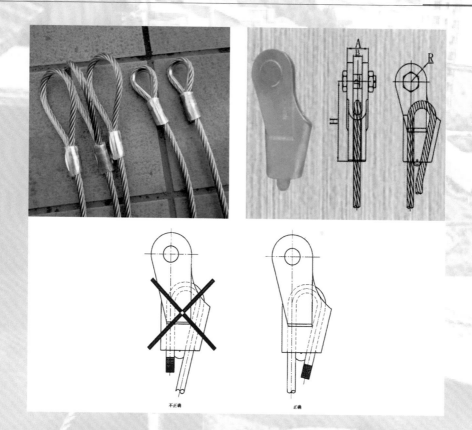

解析： 如图所示为金属压制接头、自紧楔型接头固定方式，均为正确的绳端固定方式，钢丝绳绳端固定应符合现行国家标准《塔式起重机安全规程》（GB 5144）的规定。

隐患：工作钢丝绳锈蚀严重。

    解析：工作钢丝绳和安全钢丝绳安装前应逐段仔细检查是否存在损伤或缺陷，并应对绳上附着的涂料、水泥、玻璃胶等污物进行清理，对不符合要求的钢丝绳进行更换。钢丝绳应符合现行国家标准《起重机 钢丝绳保养、维护、检验和报废》（GB/T 5972）的规定。

隐患：钢丝绳与房顶三角架角钢棱边接触处无防护。

解析：钢丝绳在各尖角过渡处应有保护措施，尖角过渡处无保护措施会对钢丝绳造成损伤，长时间使用会造成钢丝绳断裂。

四、配重

隐患：配重无质量标记。

解析：配重件质量及几何尺寸应符合产品说明书要求，并应有质量标记，其总质量应满足产品说明书的要求。质量标识方便安装人员和检查人员核实其质量是否符合要求。

　　隐患：配重件损坏，无防止可随意移除措施。

　　解析：严禁使用破损的配重件或其他替代物，配重件损坏会导致质量减小，破碎的配重件易从支架脱落，应使用符合产品使用说明书规定的配重，配重应有质量标志、码放整齐、安装牢固。

隐患： 配重固定支架缺失，无防止随意移动措施。

解析： 配重应坚固地安装在配重悬挂支架上，并应有防止可随意移除的措施，只有在需要拆除时方可拆卸，配重应锁住以防止未授权人员拆卸。

隐患：悬挂机构三角架未用螺栓固定。

解析：三脚架应用螺栓与建筑物固定，以抵抗平台横向和纵向摆动作用力的影响，当悬挂机构的载荷由屋面预埋件或锚固件承受时，其预埋件和锚固件的安全系数应不小于3。

　　隐患：悬挂机构后支腿采用高支腿，与说明书不符。

　　解析：悬挂机构的设置应与说明书相符，当现场情况与说明书不同时，应由厂家出具变更说明，并应有专项施工方案。

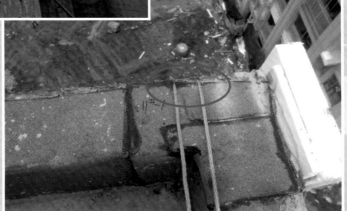

隐患： 无悬挂支架，钢丝绳直接绕过挑檐使用。

解析： 应按说明书规范设置悬挂支架，悬挂机构的设置也应与专项施工方案一致。

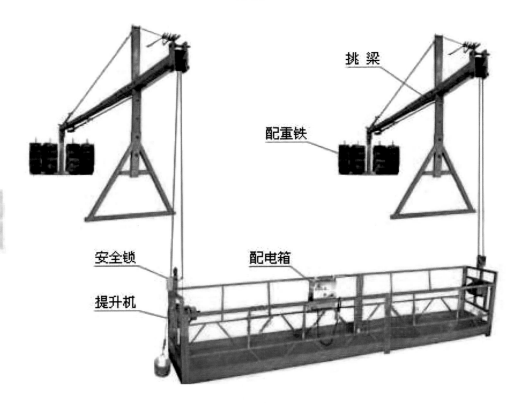

隐患： 悬挂机构吊点水平间距与吊篮平台的吊点间距误差过大。

解析： 当使用两个以上的悬挂机构时，悬挂机构吊点水平间距与吊篮平台的吊点间距应相等，其误差不应大于 50mm。如果悬挂机构吊点水平间距与吊篮平台的吊点间距过大，吊篮平台升至顶端时，通过钢丝绳传递的水平拉力会破坏悬挂机构的稳定性。

　　隐患： 悬挂机构三角架倾斜。

　　解析： 悬挂机构应支撑在承重建筑结构上。前支架底部受力点应平整，前支架支撑点应该能承受由吊篮传来的集中荷载，且工作时不得自由滑移。

隐患：悬挂支架无前支腿，无防止自由滑移措施。

解析：前后支架的组装高度与女儿墙高度相适应，不允许不安装前支架而将横梁直接担在女儿墙或其他支撑物上作为支点。当施工现场无法满足产品使用说明书规定的安装条件时，应采取相应的安全技术措施，确保抗倾覆力矩、结构强度和稳定性均达到标准要求。

　　隐患： 前支架下方未可靠固定，易造成前支架滑移。

　　解析： 前支架受力点应平整，前支架支撑点应该能承受由吊篮传来的集中荷载，且工作时不得自由滑移。当支承悬挂机构前后支点的结构强度不能满足使用要求时，应采取加垫板放大受荷面积或在下层采取支顶措施。

隐患： 前支架直接支撑在女儿墙上。

解析： 悬挂机构前支架严禁支撑在女儿墙上、女儿墙外或建筑物挑檐边缘。

　　隐患：悬挂机构前梁外伸过长，悬挂机构抗倾覆力矩与倾覆力矩的比值小于 3.0。

　　解析：在正常工作状态下，吊篮悬挂机构的抗倾覆力矩与倾覆力矩的比值不得小于 3.0。悬挂吊篮的支架支撑点处结构的承载能力应大于所选择吊篮各工况的荷载最大值。

配重悬挂支架稳定性计算:

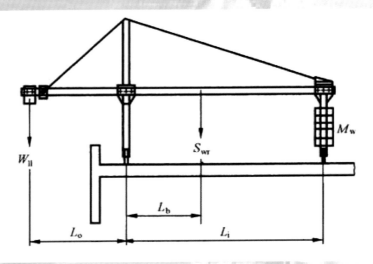

稳定性按以下公式校核:$C_{wr} \times W_{II} \times L_o \leqslant M_W \times L_i + S_{wr} \times L_b$

式中:

C_{wr}——配重悬挂支架稳定系数,$\geqslant 3$;

W_{II}——起升机构极限工作载荷,kg;

M_W——配重质量,kg;

S_{wr}——配重悬挂支架质量,kg;

L_o——配重悬挂支架外侧长度,m;

L_b——支点到配重悬挂支架重心的距离,m;

L_i——配重悬挂支架内侧长度,m。

隐患： 前梁上的上支柱中心点未与前支架的支撑点重合。

解析： 支撑点不重合会导致上支柱的力无法直接传递到前支架，会对横梁造成较大弯矩，破坏悬挂机构稳定性。前梁上的上支柱中心点应和前支架的支撑点相重合，工作时不得自由滑移，并应有专项施工方案。

隐患： 未使用前支架，横梁明显不水平，前低后高。

解析： 悬挂机构横梁严禁前低后高，前后水平高差不应大于横梁长度的 4%。

六、安全装置

隐患： 无上行程限位挡块。

解析： 上行程限位挡块应正确安装，限位挡块应紧固可靠，其与钢丝绳悬挂点之间应保持合适的距离。无限位挡块易导致上限位无法触发，平台在最高位置时不能自动停止，造成吊篮冲顶。

隐患： 限位开关安装偏斜无法触发。

解析： 限位偏斜会导致与限位挡块不能有效触碰，造成限位不起作用，起升限位开关应正确安装，平台在最高位置时能与限位挡块有效触碰，自动停止上升。

隐患： 限位开关锈蚀卡滞，动作后不能自动复位。

解析： 上行程限位应动作正常、灵敏有效，触发后能自动复位。

隐患： 未安装限位开关。

解析： 应正确安装限位开关，上行程限位应动作正常、灵敏有效，平台在最高位置时自动停止上升，无限位开关易导致在最高位置时吊篮冲顶，造成吊篮和工作人员损伤或吊篮高处坠落。

　　隐患：未安装起升极限限位开关。

　　解析：应安装终端起升极限限位开关并正确定位，平台在到达工作钢丝绳极限位置之前完全停止。在极限限位触发后，除非合格人员采取纠正操作，平台不能上升与下降，正确安装方式如右图所示。

　　隐患：手动释放手柄缺失。

　　解析：所有起升机构应有手动下降装置，在平台动力源失效时使其在合理时间内可控下降。操作者在屋面或平台上应能方便接近此装置。

隐患： 手动释放装置不起作用。

解析： 所有起升机构应有手动下降装置，在平台动力源失效时使其在合理时间内可控下降。操作者在屋面或平台上应能方便接近此装置。吊篮使用前应测试手动释放装置是否有效。

隐患：安全锁未在有效标定期内。

解析：防坠落装置应在有效期内使用，有效标定期限不大于一年。

隐患：安全钢丝绳未穿过安全锁，安全锁不起作用。

解析：安全钢丝绳应正确穿过安全锁，当悬吊平台倾斜角度过大时能自动锁住并停止悬吊平台运行。

　　隐患：安全钢丝绳未穿过安全锁内部锁绳机构，导致安全锁不起作用。

　　解析：此隐患通过外部观察不易被发现，使用吊篮前应检查安全锁是否有效，查验合格后方可使用。

隐患：未安装超载检测装置。

解析：吊篮宜安装超载检测装置，应能检测平台上操作者、装备和物料的载荷，以避免由于超载造成的人员危险和机械损坏。

　　隐患：安全锁不锁绳，平台倾斜角度大于 14°。

　　解析：平台内安装起升机构时，防坠落装置应能自动限制平台纵向倾斜角度不大于 14°，此装置为独立作用装置，不需要向控制系统相关安全部件输出电信号。

　　隐患：安全大绳长度不足，未覆盖全工作行程。

　　解析：应独立设置作业人员专用的挂设安全带的安全绳，安全绳应全程有效覆盖，安全绳应可靠固定在建筑物结构上，不应有松散、断股、打结，在各尖角过渡处应有保护措施。

隐患：操作人员安全带未悬挂在安全大绳上。

解析：在吊篮内的作业人员应佩戴安全帽和安全带，并应将安全带正确悬挂在独立设置的安全绳上，并能正确熟练地使用安全带、自锁器，使用时安全大绳应基本保持垂直于地面。

　　隐患：工作人员直接由窗口位置进入吊篮，易造成高空坠落。

　　解析：吊篮正常工作时，作业人员应从地面进入吊篮内，不得从建筑物顶部、窗口等处或其他孔洞处出入吊篮，严禁作业人员从一吊篮跨入另一吊篮。

隐患： 安全大绳固定在配重架上。

　　解析： 安全大绳不得固定在吊篮的悬挂机构上，应独立设置作业人员专用的挂设安全带的安全绳，安全绳应可靠固定在建筑物结构上，不应有松散、断股、打结，在各尖角过渡处应有保护措施。

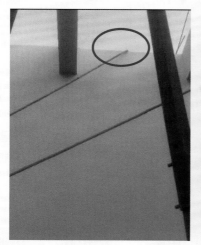

隐患：挂设安全带的安全绳尖角过渡处无保护措施。

解析：安全绳应可靠固定在建筑物结构上，不应有松散、断股、打结，在安全大绳与女儿墙或建筑结构的各尖角过渡处应采取有效的保护措施。

　　隐患：安全绳捆扎在工作钢丝绳上。

　　解析：安全大绳不应悬挂在工作钢丝绳或安全钢丝绳上，应独立设置作业人员专用的挂设安全带的安全绳，安全绳应可靠固定在建筑物结构上。

隐患： 安全绳挂设在相邻安全绳上。

解析： 应独立设置作业人员专用的挂设安全带的安全绳，安全绳应可靠固定在建筑物结构上，不应有松散、断股、打结，在各尖角过渡处应有保护措施的规定。

七、结构件及连接

　　隐患： 平台护栏和底部连接螺栓缺失。

　　解析： 螺栓缺失会导致篮体结构强度降低，结构件各连接螺栓应齐全、紧固，并应有防松措施；所有连接销轴使用应正确，均应有可靠轴向止动装置。

　　隐患： 平台底部连接螺栓松动。

　　解析： 结构件各连接螺栓应齐全、紧固，并应有防松措施；所有连接销轴使用应正确，均应有可靠轴向止动装置。

连接螺栓无防松措施

隐患：悬挂机构连接螺栓无防松措施。

解析：结构件各连接螺栓应有防松措施，螺栓应按要求加装垫圈，所有螺母均应紧固。螺栓无防松措施在使用过程中易导致螺栓松动和螺母脱落等问题。

隐患： 后支座连接螺栓型号不匹配，规格小。

解析： 结构件各连接螺栓型号规格应与各结构件连接部位相匹配，不得以小代大。以小代大会导致螺栓与螺栓孔不匹配，螺栓强度无法达到要求。

隐患：提升机与悬吊平台连接螺栓规格小，连接螺母缺失，连接不牢固。

解析：提升机与悬吊平台连接应正确可靠，安装时应采用螺栓将其可靠地固定在悬吊平台的吊架上，应采用专用高强螺栓进行连接。

隐患： 篮体底部腹杆断裂。

解析： 悬吊平台的钢结构及焊缝应无明显变形、裂纹和严重锈蚀。腹杆断裂导致篮体强度降低，在使用中会造成篮体变形或篮体断裂等问题。

　　隐患：悬吊平台结构有变形。

　　解析：悬吊平台的钢结构应无明显变形、裂纹和严重锈蚀。对于变形的结构应及时进行修正，无法修正或修正后无法达到原结构强度的应进行更换。

隐患： 平台篮体斜腹杆锈蚀严重。

  解析： 主要结构件达到报废条件，腐蚀、磨损等原因使结构的计算应力超过原计算应力的 10%，或腐蚀深度达到原构件厚度的 10% 时，悬挂机构整体失稳后或主要受力构件产生永久变形而不能修复时，应及时报废更新。

隐患：安全锁固定螺栓松动。

解析：安全锁与吊架安装时应采用专用高强度螺栓，连接应正确、可靠，螺栓紧固合格，无裂纹、变形和松动。安装后应检查外观，确保无缺陷、无损伤。安全锁固定不牢固，坠落过程中会导致安全锁与篮体分离，无法起到防坠落作用。

隐患：提升机固定螺栓一处螺母缺失。

解析：结构件各连接螺栓应齐全、紧固，并应有防松措施，螺栓应按要求加装垫圈，所有螺母均应紧固。所有连接销轴使用应正确，均应有可靠轴向止动装置。

隐患： 提升机与悬吊平台连接螺栓长度过短，连接不牢固。

解析： 提升机和安全锁与悬吊平台的连接应正确可靠，应采用专用高强度螺栓或销轴进行连接。采用螺栓连接时，螺栓应高出螺母不少于 3 倍螺距，螺栓长度不足易造成螺母脱落。

　　隐患： 提升机与悬吊平台缺少连接螺栓。

　　解析： 提升机和安全锁与悬吊平台的连接应正确可靠，应采用专用高强度螺栓或销轴进行连接。

八、电气系统

 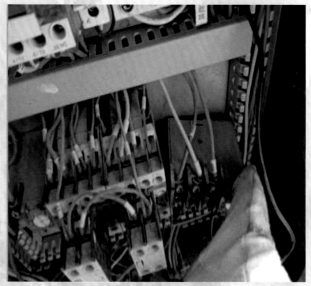

隐患：电气元件固定不牢固。

解析：主要电气元件应工作正常，固定可靠；电控箱应有防水、防尘措施；主供电电缆在各尖角过渡处应有保护措施。电气元件固定不牢固、线路混乱易导致使用过程中线路短路等问题。

　　隐患：无过流保护装置。

　　解析：主电源回路应有过电流保护装置和灵敏度不小于 30mA 的漏电保护装置。控制电源与主电源之间应使用变压器进行有效隔离。

隐患： 漏电保护器不动作。

解析： 漏电保护器是用来在设备发生漏电故障时以及对有致命危险的人身触电保护，漏电保护器应可测试和复位。并应符合现行行业标准《施工现场临时用电安全技术规范》（JGJ 46）的规定。

　　隐患：电控箱急停按钮不起作用。

　　解析：悬吊平台上必须设置紧急状态下切断主电源控制回路的急停按钮，急停按钮不得自动复位，急停按钮按下后停止吊篮的所有动作。

隐患： 电控箱无急停按钮。

解析： 悬吊平台上必须设置紧急状态下切断主电源控制回路的急停按钮，急停按钮不得自动复位，急停按钮按下后停止吊篮的所有动作。

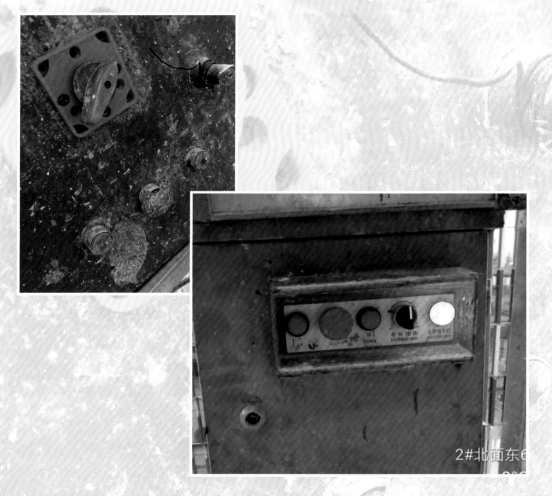

　　隐患： 电控箱按钮无标识或运行方向与标识不符。

　　解析： 电控箱按钮的动作与方向应以文字或符号清晰表示在控制箱上或其附近面板上，方便操作。

隐患：控制按钮失效。

解析：吊篮控制箱上的按钮、开关等操作元件应灵敏可靠，按钮或开关装置应是自动复位式的，控制按钮的最小直径为 10mm。

隐患：控制箱电源指示灯破损。

解析：电源指示灯应完好，确保电气系统处于正常通断电状态。

九、防坠落装置和钢丝绳试验要求

一、防坠落装置

1. 防坠落装置的相关要求

（1）当工作钢丝绳失效平台下降速度大于 30m/min，工作钢丝绳无负载或平台纵向倾斜角度大于 14° 等情况发生时，防坠落装置应能自动起作用。

（2）当装有防坠落装置时，由于防坠落装置作用引起的平台突然停止会在安全钢丝绳及全部承载系统产生冲击载荷。

安全钢丝绳上冲击载荷系数 S_d 按如下公式计算：

$$S_d = (T_m \times 100)/W_{II}$$

式中：

T_m——钢丝绳最大牵引力，kN；

S_d——冲击载荷系数；

W_{II}——起升机构的极限工作载荷或防坠落装置的极限工作载荷（如不相同）。

（3）防坠落装置的设计应限制其冲击系数 S_d 尽可能小，所得数值认为是最大值。

（4）防坠落装置与设备整体一起试验，应满足下列要求：

① 承受 3 次下降试验，设备零部件无断裂；

② 3 次试验中，每次测到的冲击载荷系数 S_d 均小于或等于 3；

③ 3 次试验中，每次的下降距离均小于 500mm，且平台倾斜角度不大于 14°。

（5）防坠落装置作为一独立部件，在如图所示的试验装置上进行试验时。

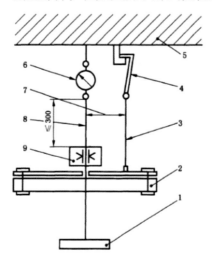

防坠落装置典型实验装置

1— 重块；2— 试验载荷；3— 工作钢丝绳；4— 释放装置；5— 悬挂点；6— 测力装置；

7— 钢丝绳间水平距离；8— 安全钢丝绳；9— 防坠落装置

试验应满足下列要求：

① 防坠落装置与钢丝绳可承受 3 次坠落无断裂；

② 3 次试验中，每次测到的冲击载荷系数 S_d 均小于 5；

③ 3 次试验中，每次的下降距离均小于 500mm。

（6）在平台工作时防坠落装置不应动作。

（7）防坠落装置应为机械作用。

（8）防坠落装置应可测试和复位，防坠落装置在复位后可立即使用并不降低性能。

（9）承载时不应手动释放防坠落装置,防坠落装置起作用后允许起升机构起升平台。

（10）防坠落装置或具有相同作用的独立安全装置，在锁绳状态下不能自动复位。

2.摆臂防倾斜式安全锁检测报告

防坠落装置应在有效期内使用，有效标定期限不大于一年，应按标准进行试验，试验合格后方可使用，如下图所示为安全锁检测报告。

山东省建筑工程质量检验检测中心有限公司检测报告

Test Report of Shandong Quality Inspection and Testing Center of Construction Engineering Co., Ltd

QS/C07-29-03

共 1 页第 1 页 (Page 1 of 1)

样品名称 Sample name	高处作业吊篮安全锁			报告编号 No. of report	MX23827
规格型号 Type/Model	LSF30			样品编号 No. of sample	MX23-827
委托单位 Client				样品状态 Sample state	配件齐全
检测地址 Test address	济南市无影山路 29 号			出厂编号 Serial Number	22100379
检测类别 Test type	委托送检			出厂日期 Date of production	2022-10
生产单位 Manufacture				委托日期 Date of entrustment	2023-08-08
样品数量 No. of samples	1 把			委托人 Consigner	
检测设备 Test equipments	钢直尺（JL026）、数显水平尺（JL053-1）、力值显示控制仪（JX036）			委托方联系方式 Contact information	
判定依据 Judging standard	GB/T 19155-2017《高处作业吊篮》			检测日期 Date of test	2023-08-09

检 测 数 据

序号	检 测 项 目 及 标 准 要 求		检 测 结 果			判定	样品照片
1	标识	应标注：极限工作载荷、钢丝绳直径、锁绳角度	符合			合格	
2	功能	1）在平台工作时，防坠落装置不应动作 2）防坠落装置应为机械作用 3）应可测试和复位，复位后可立即使用并不降低性能 4）承载时不应手动释放防坠落装置，起作用后允许起升机构起升平台 5）在锁绳状态下不能自动复位	符合			合格	
3	锁绳角度≤14/°		6.1			合格	
4	坠落试验 （独立试验）	试验次数	1	2	3	/	
		防坠落装置与钢丝绳可承受 3 次坠落无断裂	未断裂	未断裂	未断裂	合格	
		冲击载荷系数 S_d<5	3.0	3.8	3.2	合格	
		下降距离<500/mm	31	39	34	合格	

检测结论 Conclusion	该样品依据 GB/T19155-2017 标准判定，所检项目合格。 检测单位：（盖章） 签发日期：
备 注 Note	本检测报告仅对检测时的样品状态负责。

二、钢丝绳相关要求

1. 钢丝绳的验收

（1）钢丝绳出厂前的验收，由供方进行。

（2）需方的验收可自已进行，也可委托有钢丝绳检定资格的检测部门进行，验收依据标准《高处作业吊篮用钢丝绳》（YB/T 4575—2016）和订货合同及供方质量证明书，验期（从出厂算起）不应超过 9 个月。

合同应包含以下内容：

① 标准号；

② 产品名称；

③ 钢丝绳结构；

④ 钢丝绳公称直径；

⑤ 钢丝绳的抗拉强度级别；

⑥ 定尺长度、数量；

⑦ 其他特殊要求。

2. 钢丝绳标志和质量证明书

（1）标志

钢丝绳包装外部应附有牢固清晰的标牌，标牌应注明：

① 供方名称和商标、地址；

② 钢丝绳名称；

③ 产品标准号；

④ 钢丝绳的直径、结构、表面状态、捻法和长度；

⑤ 钢丝绳净重和毛重；

⑥ 钢丝绳公称抗拉强度；

⑦ 钢丝绳破断拉力或钢丝破断拉力总和；

⑧ 钢丝绳出厂编号；

⑨ 钢丝绳制造日期；

⑩ QS 标志；

⑪ 生产许可证号；

⑫ 检查员印记。

（2）质量保证书

质量保证书中应注明：

① 供方名称和商标、地址；

② 钢丝绳名称；

③ 产品标准号；

④ 钢丝绳的直径、结构、表面状态、捻法和长度；

⑤ 钢丝绳净重；

⑥ 钢丝绳公称抗拉强度；

⑦ 钢丝绳中试验钢丝的公称直径和公称抗拉强度；

⑧ 实测钢丝绳破断拉力或实测钢丝破断拉力总和；

⑨ 钢丝绳中钢丝试验结果（具体按产品标准要求）；

⑩ 钢丝绳出厂编号；

⑪ 技术监督部门印记；

⑫ 生产许可证号（需要时）；

⑬ 质量证明书编号；

⑭ 质量证明书审核员的印记或签名；

⑮ 开具质量证明书日期。

3. 钢丝绳破断拉力试验及检测报告

（1）钢丝绳破断拉力试验可以在满足标准要求的拉力试验机上进行，如下图所示。

（2）钢丝绳实际破断拉力检测报告。

破断拉力合格的钢丝绳检测报告（实际破断拉力满足标准要求）如下图所示。

山东省建筑工程质量检验检测中心有限公司检测报告
Test Report of Shandong Quality Inspection and Testing Center of ConstructionEngineering Co., Ltd.

QS/C07-29-03

（附页）

共 2 页 第 2 页

样品名称 Sample name	高处作业吊篮用钢丝绳		报告编号 No. of report	MGJ23163
检测依据 Test standard	YB/T 4575-2016《高处作业吊篮用钢丝绳》 GB/T 8358-2014《钢丝绳实际破断拉力测定方法》			

检测数据					
序号	检测项目	标准要求	检测结果		单项结论
1	实测破断拉力/kN	53.6	-1	55.88（断 1 股）	合格
			-2	53.83（断 3 股）	
			-3	55.22（断 3 股）	
			-4	54.73（断 3 股）	
			-5	53.74（断 3 股）	

相关照片

样品照片 	试验后照片 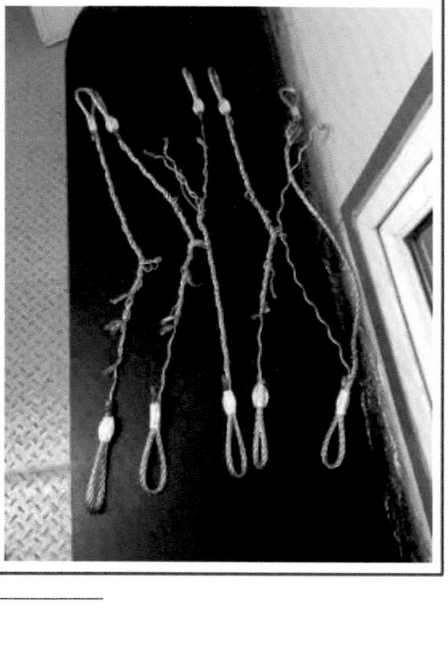

破断拉力不合格的钢丝绳检测报告（实际破断拉力不满足标准要求）如下图所示。

山东省建筑工程质量检验检测中心有限公司检测报告
Test Report of Shandong Quality Inspection and Testing Center of ConstructionEngineering Co., Ltd.

QS/C07-29-03

（附页）

共 2 页 第 2 页

样品名称 Sample name	高处作业吊篮用钢丝绳		报告编号 No. of report		MGJ23166
检测依据 Test standard	YB/T 4575-2016《高处作业吊篮用钢丝绳》 GB/T 8358-2014《钢丝绳实际破断拉力测定方法》				
检测数据					
序号	检测项目	标准要求	检测结果		单项结论
1	实测破断拉力/kN	53.6	-1	48.04（断2股）	不合格
			-2	48.25（断2股）	
			-3	48.86（断3股）	
			-4	50.12（断2股）	
			-5	48.11（断2股）	
相关照片					

样品照片   试验后照片

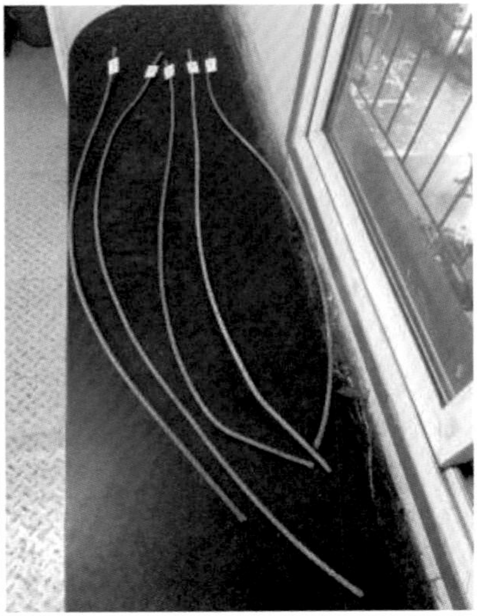

附录 A　检验使用的仪器设备

表 A　检验使用的仪器设备

序号	仪器、量具名称	精度要求
1	万用表	± 2%
2	绝缘电阻测量仪	± 2%
3	接地电阻测量仪	± 2%
4	数字功率表	—
5	声级计	0.1dB(A)
6	电子秒表	± 0.03s/h
7	游标卡尺	0.02mm
8	钢卷尺	1 级
9	钢直尺	± 0.10mm
10	数显水平尺	0.2°
11	风速仪	± 0.1m/s

附录 B 高处作业吊篮检验项目

表 B 高处作业吊篮检验项目及技术要求

序号		检验内容及要求	
1 ★	资料复验	产品出厂合格证	
2		安全锁标定证书	
3		使用说明书	
4		安装合同和安全协议	
5 ★		专项施工方案及平面布置图	
6		安装自验收表	
7 ★	结构件	悬挂机构、悬吊平台的钢结构及焊缝应无明显变形、裂纹和严重锈蚀	
8 ★		结构件各连接螺栓应齐全、紧固，并应有防松措施；所有连接销轴使用应正确，均应有可靠轴向止动装置	
9 ★	悬吊平台	悬吊平台拼接形式及总长度应符合使用说明书的要求	
10 ★		平台应无明显变形和严重锈蚀及大量附着物	
11 ★		连接螺栓应无遗漏并拧紧	
12 ★		底板应牢固，无破损，并应有防滑措施	
13		护栏	1.（2018-08-01 以前生产）靠工作面一侧高度不应小于 800mm，其余部位高度不应小于 1100mm
			2.（2018-08-01 以后生产）悬吊平台四周护栏高度应不小于 1000mm
14		四周底部挡板	应完整、无间断
			高度不应小于 150mm
15		悬吊平台运行通道应无障碍物	
16 ★		提升机与悬吊平台连接应正确、可靠	

续表

序号		检验内容及要求
17 ★		安全锁与悬吊平台连接应正确，可靠，无裂纹、变形
18 ★	钢丝绳	吊篮钢丝绳的型号和规格应符合使用说明书的要求
19 ★		工作钢丝绳直径不应小于 6mm
20		安全钢丝绳应选用与工作钢丝绳相同的型号、规格，在正常运行时，安全钢丝绳应处于悬垂张紧状态
21 ★		安全钢丝绳和工作钢丝绳应独立悬挂在各自的悬挂点上，并不得松散、打结，且应符合现行国家标准《起重机钢丝绳 保养、维护、检验和报废》（GB/T 5972—2016）的规定
22	钢丝绳	安全钢丝绳的下端应安装重砣，重砣应离地，处于自由状态
23		钢丝绳的绳端固结应符合《钢丝绳夹》（GB/T 5976—2006）或产品说明书的规定
24	标牌标志	产品标牌应固定可靠，易于观察
25		应在平台明显部位醒目地注明限载载重量和允许乘载人数及其他注意事项
26 ★	配重	配重件质量及几何尺寸应符合产品说明书要求，并应有质量标记，其总质量应满足产品说明书的要求，不得使用破损的配重件或其他替代物，禁止采用注水或散装物作为配重
27 ★		配重件应固定在配重架上，并应有防止可随意移除的措施
28 ★	悬挂机构	悬挂机构前梁长度和中梁长度配比、额定载重量、配重质量及使用高度应符合产品说明书的规定
29 ★		在正常工作状态下，吊篮悬挂机构的抗倾覆力矩与倾覆力矩的比值不得小于 3.0
30		悬挂机构横梁应水平，严禁前低后高
31		前支架不应支撑在女儿墙外或建筑物挑檐边缘等部位
32		悬挂机构吊点水平间距与悬吊平台的吊点间距应相等，不应因间距差影响吊篮运行或破坏悬挂机构的稳定性
33 ★		悬挂机构的前梁不应支撑在非承重建筑结构上。不使用前支架的，前梁上的搁置支撑中心点应和前支架的支撑点相重合，工作时不得自由滑移

续表

序号	检验内容及要求		
34	安全装置	上行程限位应动作正常、灵敏有效	
35 ★		制动器应灵敏有效，手动释放装置应有效	
36		悬挂在配重悬挂支架上的平台，应安装终端极限限位开关。在其触发后，除非合格人员采取纠正操作，平台不能上升与下降（限 2018-08-01 后出厂）	
37 ★		应独立设置作业人员专用的挂设安全带的安全绳，安全绳应可靠固定在建筑物结构上，不应有松散、断股、打结，在各尖角过渡处应有保护措施	
38 ★	悬挂机构	对摆臂式防倾斜安全锁，悬吊平台工作时纵向倾斜角度不大于 14° 时，能自动锁住并停止运行	
		安全锁或具有相同作用的独立安全装置，在锁绳状态下应不能自动复位	
		安全锁必须在有效标定期内使用，有效标定期限不大于一年	
39	电气系统	主要电气元件应工作正常，固定可靠；电控箱应有防水、防尘措施；主供电电缆在各尖角过渡处应有保护措施	
40 ★		悬吊平台上必须设置紧急状态下切断主电源控制回路的急停按钮，急停按钮不得自动复位	
41		电气控制箱按钮应完好，动作可靠，标识清晰、准确	
42		专用开关箱应设置隔离、过载、短路、漏电等电气保护装置，并应符合现行行业标准《施工现场临时用电安全技术规范》(JGJ 46—2005) 的规定	

注：带 "★" 的项目为关键项目，其余为一般项目。

附录 C 参照标准

《高处作业吊篮》（GB/T 19155—2017）

《建筑施工升降设备设施检验标准》（JGJ305—2013）

《高处作业吊篮安装、拆卸、使用技术规程》（JBT 11699—2013）

《工具式脚手架安全技术规范》（JGJ 202—2010）

《施工现场临时用电安全技术规范》（JGJ 46—2005）

《高处作业吊篮用钢丝绳》（YB/T 4575—2016）

《钢丝绳实际破断拉力测定方法》（GB/T 8358—2014）

《钢丝绳包装、标志及质量证明书的一般规定》（GB/T 2104—2008）